Melle Ekane Maurice
Ekabe Quenter Mbinde

Conservação e desafios das florestas tropicais

Melle Ekane Maurice
Ekabe Quenter Mbinde

Conservação e desafios das florestas tropicais

ScienciaScripts

Imprint

Any brand names and product names mentioned in this book are subject to trademark, brand or patent protection and are trademarks or registered trademarks of their respective holders. The use of brand names, product names, common names, trade names, product descriptions etc. even without a particular marking in this work is in no way to be construed to mean that such names may be regarded as unrestricted in respect of trademark and brand protection legislation and could thus be used by anyone.

Cover image: www.ingimage.com

This book is a translation from the original published under ISBN 978-620-2-09479-5.

Publisher:
Sciencia Scripts
is a trademark of
Dodo Books Indian Ocean Ltd. and OmniScriptum S.R.L publishing group

120 High Road, East Finchley, London, N2 9ED, United Kingdom
Str. Armeneasca 28/1, office 1, Chisinau MD-2012, Republic of Moldova, Europe
Printed at: see last page
ISBN: 978-620-7-97025-4

Conteúdo

Distribuição ecológica de *Prunus africana* selvagem no Parque Nacional do Monte Camarões, Camarões

Melle Ekane Maurice[1*] , Nkwatoh Athanasuis Fuashi[1] , Nsadzetsen Robert Amusah[2]

[1]Departamento de Ciências do Ambiente, Faculdade de Ciências, Universidade de Buea, Camarões

melleekane@gmail.com, melle.ekane@ubuea.cm,

RESUMO

As florestas tropicais montanhosas contêm algumas das comunidades vegetais mais ricas do mundo, mas o conhecimento da população e da distribuição da sua diversidade é ainda fragmentário. Entre essas espécies encontra-se *Prunus africana*, que tem um grande valor económico e sanitário para as comunidades florestais e para o mundo em geral. O objetivo do estudo foi avaliar a abundância, o padrão de distribuição, a espessura da casca e o estado de saúde de *Prunus africana* ao longo de um gradiente de elevação nas encostas do monte Camarões. Neste estudo, foram selecionadas três classes de elevações (1700 -2000m, 2000-3000m e 3000m e acima) utilizando um mapa digitalizado do monte Camarões e um recetor de posicionamento global (Garmin GPSMAP 60CX). As parcelas de amostragem foram selecionadas em três blocos diferentes da montanha, utilizando o método de inventário de gestão sob a técnica de amostragem por agrupamento adaptativo. Foram examinadas cinco parcelas quadradas medindo 100m por 100m em três classes diferentes de elevação. Em cada parcela, foram examinados os registos de todas as árvores Prunus, o diâmetro à altura do peito, a espessura da casca e o estado de saúde. Anova, Correlação e Qui-quadrado foram os modelos estatísticos utilizados na análise dos dados. Os resultados mostraram que foi registado um número total de 177 árvores em toda a superfície do parque nacional (450.000m^2). A densidade máxima (6,2 troncos/ha) foi registada na classe de elevação mais baixa, enquanto a densidade mínima (1,2 troncos/ha) foi registada na classe de elevação mais elevada. Também se verificou que as variações na elevação foram responsáveis por 0,001 cm de alteração na espessura da casca. A maior espessura média da casca (1,12 cm) foi registada na classe de elevação mais elevada, enquanto a menor espessura média da casca (0,86 cm) foi registada na classe de elevação mais baixa. O maior diâmetro médio à altura do peito (51,22 cm) foi registado na classe de elevação mais elevada, enquanto o menor diâmetro médio à altura do peito (36,57 cm) foi registado na classe de elevação mais baixa. As árvores saudáveis tiveram a maior população (83,87%) na classe de elevação mais baixa, enquanto a menor população (61,11%) foi registada na classe de elevação mais alta.

Palavras-chave: Floresta montana, Comunidade vegetal, Gradiente de elevação, Parque Nacional

INTRODUÇÃO

A gestão das florestas naturais na África Subsariana é condicionada por um conhecimento limitado do estado, condições e distribuição destas florestas em termos de estrutura, composição, regeneração natural e avaliação quantitativa dos benefícios tangíveis e intangíveis. *Prunus Africana*, anteriormente conhecida como Pygeum africanum, pertence à família Rosaceae (Stewart, 2003). É a única espécie de Prunus indígena da África tropical continental (Cunningham *et al.*, 1997). É uma espécie de árvore florestal geograficamente difundida, restrita a florestas afromontanas que se situam geralmente acima de 1.000 m de altitude (Cunningham e Mbenkum, 1993). A árvore também é conhecida como Cerejeira Africana ou Pau-vermelho e cresce até 30 m de altura e pode atingir um diâmetro à altura do peito de 1,5 m. É uma espécie de árvore de copa de floresta secundária com cascas grossas. Na África Ocidental, a maior população de Prunus encontra-se nos Camarões, onde foi registada em cerca de 24 locais diferentes, a maioria dos quais se situa na Linha Vulcânica dos Camarões, que se estende desde o Monte Camarões, no Golfo da Guiné, até à área de Tchabal Mbabo, no planalto de Adamaoua. A exploração comercial da casca de *Prunus africana* começou efetivamente na região ocidental e noroeste dos Camarões em 1972 e estendeu-se em menos de meia década à região do Monte Camarões na região sudoeste. Os Camarões têm sido o principal exportador de casca de Prunus africana para os mercados internacionais, fornecendo 2/3 da procura internacional e, em média, 40% das exportações mundiais nos últimos 40 anos (Ingram *et al.*, 2009; Cunningham e Mbenkum, 1993). Os Camarões são um dos principais recursos de todas as partes de Prunus africana (cascas 29%, extrato 31%, pó 34% e derivados 6% e plantas secas 1% de 2000 a 2007. Nas comunidades locais dos Camarões e noutros locais, a madeira dura e durável da *Prunus africana* torna-a uma das preferidas para fins domésticos (ICRAF, 1994). Uma procura crescente poderia assim ser colocada em menos recursos, ameaçando assim as árvores *de Prunus africana* dentro das áreas de conservação. Foram efectuados vários inventários independentes para determinar a dimensão da população e a distribuição da *Prunus africana* nos Camarões. O recente inventário efectuado pelo Centro Internacional de Investigação Florestal (CIFOR), juntamente com outras organizações de investigação, demonstrou que a espécie se concentra nas densas florestas tropicais sub-montanas e montanas mistas da região sudoeste, especialmente em Manenguomba, na zona de Kuope e nas regiões montanhosas e noroeste dos Camarões, onde se concentra em torno das zonas de Bamenda, Fundong, Kumbo, Ndu e Oku (Ingram *et al.*, 2009).

No entanto, no Parque Nacional do Monte Cameroon, foram efectuados vários inventários e estudos sobre a distribuição e a gestão do prunus. Os resultados confirmaram o declínio contínuo da população de Prunus nesta região devido a técnicas de colheita inadequadas e à sobre-exploração. Este facto levou a que *a Prunus africana* fosse colocada no Anexo II da Convenção sobre o Comércio das Espécies Ameaçadas de Extinção (CITES), que permite o comércio regulamentado mediante autorização. No entanto, para cumprir a obrigação como país signatário da CITES, o governo tem de fornecer um plano de gestão para garantir a sustentabilidade da espécie (Ingram *et al.*, 2009). A presente investigação sobre a avaliação da população, distribuição e espessura da casca de *Prunus africana* ao longo do gradiente de elevação no Parque Nacional do Monte Camarões faz parte do processo para garantir uma gestão sustentável da espécie na área. Isto porque os dados obtidos durante esta investigação podem ser muito importantes na definição de quotas de exploração

As florestas tropicais de montanha são ecossistemas altamente ameaçados, com uma área de superfície, abundância de espécies e composição em rápido declínio (Gentry, 1995). São também os menos estudados e os mais ameaçados de todos os tipos de vegetação tropical. O Monte Cameroon é um dos hotspots de biodiversidade do mundo, albergando importantes espécies vegetais e animais de importância global. [th]O Parque Nacional do Monte Camarões, criado pelo Decreto n.º 2009/2272/PM de 18 de dezembro de 2009 e classificado como área protegida de categoria II da UICN, é extremamente rico em espécies de *Prunus Africana*. Mas, infelizmente, as informações sobre a população, a distribuição e a espessura da casca das espécies não são suficientes. Por conseguinte, a estratégia de conservação e gestão sustentável de Prunus no Parque não será viável sem um conhecimento completo da população da espécie, da sua distribuição com base no DBH ao longo de gradientes de elevação e da espessura da casca nas encostas do Monte Cameroon. Prunus é uma das espécies que gera rendimentos tanto a nível local como nacional. O elevado valor medicinal (produção de medicamentos utilizados no tratamento do cancro da próstata nos homens) e outras utilizações, como a transformação da madeira e o fornecimento de lenha, fazem do *prunus* uma espécie arbórea muito importante. Considerando que o conhecimento sobre a distribuição e a abundância desta espécie é limitado e que existe a probabilidade de a espécie se extinguir se não forem tomadas medidas de gestão sustentável, é motivo de preocupação (CITES, 2006). É, pois, imperativo avaliar a população, a distribuição e a espessura da casca de *Prunus africana* ao longo de gradientes de elevação no Monte dos Camarões, uma vez que isso fornecerá dados fiáveis para um planeamento, conservação e gestão adequados da espécie no Monte dos Camarões.

MATERIAIS E MÉTODOS

Descrição da área de estudo

O Monte Camarões pertence à Linha Vulcânica dos Camarões (CVL), uma caraterística estrutural importante na África Central, caracterizada pelo alinhamento de vulcões continentais, plutões e ilhas vulcânicas oceânicas, Bioko, Príncipe, São Tomé, Pagalu, (Fitton *et al* 1983). Situa-se entre a lomgitude 9^0 16' E e a latitude 4^0 9' N. Morfologicamente, o Monte Camarões é um vulcão estrato, situado num horst com falhas de limite que são expressas por quebras de declives. É delimitado a norte pelo graben de Tombel e a sul pela bacia de Douala. O clima da região do Monte Camarões caracteriza-se pelo seu carácter sazonal. As estações são muito bem definidas. Há um período de chuvas intensas entre os meses de abril e outubro e um período seco que se estende de novembro a fevereiro. Assim, existem basicamente dois períodos sazonais: a estação seca e a estação das chuvas

(Payton, 1993). A baixa altitude, a precipitação anual varia entre cerca de 10.000 mm no Cabo Debundscha e menos de 2.000 mm no nordeste do maciço em redor de Munyenge Metombe. A precipitação média anual diminui com a altitude para cerca de 4.000 mm a 1000 m e para menos de 3.000 mm acima de 2.000 m (Payton, 1993). A principal precipitação anual da área varia entre 2085 mm perto de Ekona e 9086 mm em Debundscha (Fraser *et al.*, 1998). A temperatura média mensal, ao nível do mar, varia de 19 a 30°C, com o máximo em março-abril (Fraser *et al.*, 1998). A temperatura média anual é de cerca de 25°C e diminui 0,6°C por cada 100 m de subida, até 4°C no cume (Boughey, 1955). Payton (1993) salienta que a humidade do Monte Cameroon se situa entre 75-85% devido à influência marinha e à formação de nuvens.

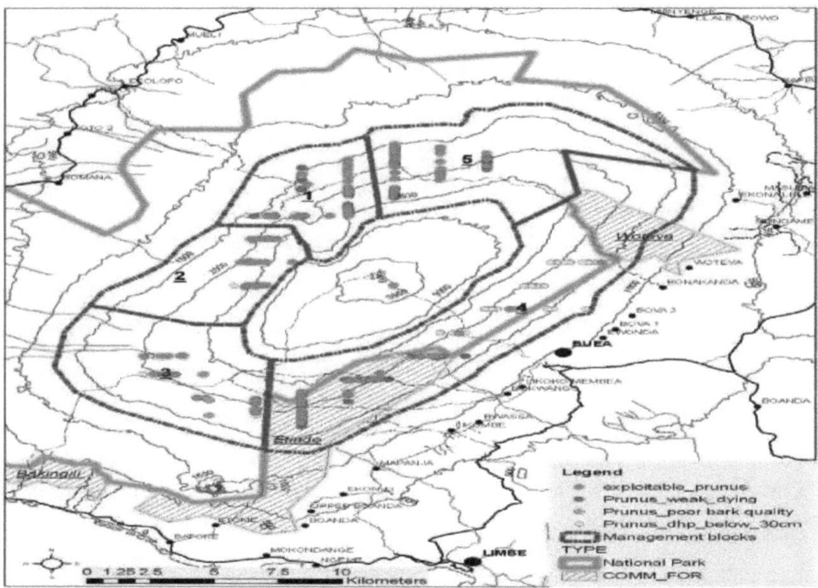

Fig 1: Mapa da zona de estudo, Parque Nacional do Monte Cameroon

Fonte: Ndam, N. (1996).

Recolha de dados

Antes de realizar este trabalho de campo, a Delegação Regional de Florestas e Vida Selvagem, as autoridades do Parque Nacional do Monte Camarões, o chefe de Bokwango e Bonakanda foram consultados para obter a sua aprovação, autorização e participação no trabalho de investigação. Os serviços dos aldeões destas comunidades foram necessários, uma vez que foram muito úteis para a realização do trabalho de campo, uma vez que os oleiros e os guias eram provenientes das aldeias. O parque nacional foi dividido em cinco blocos para assegurar a gestão sustentável da *Prunus africana*. No entanto, o estudo foi efectuado nos blocos um, dois, três e quatro. O trabalho de campo intensivo foi feito mais no bloco dois, três e quatro em maio, junho e julho de 2015, respetivamente. A amostragem foi feita usando a técnica de inventário de gestão, como o método de amostragem de agrupamento adaptativo, que é mais eficiente para espécies gregárias. Foram feitos transectos em três áreas de elevação ([1700-2000m, 2000-2300m e 23002600m) em todos os blocos. Estes transectos tinham um

6

quilómetro de comprimento. Foram feitas mais cinco parcelas quadradas medindo 100 x 100m² em cada elevação em todos os blocos. No final do exercício de campo, foram examinadas 45 parcelas, cobrindo uma área total de 450.000m² com um número total de 177 árvores de *Prunus africana* registadas. A identificação das árvores foi efectuada no campo, utilizando uma combinação de técnicas, tais como a forma geral da árvore (textura da casca; cor da folhagem, cheiro, exsudados, contrafortes, tipo e forma das folhas), bem como as flores e os frutos das árvores. Os dados estruturais das árvores foram recolhidos e registados em cada parcela através de uma ficha de dados.

A saúde da árvore foi avaliada considerando a presença de parasitas como as espécies de Loranthus, predadores como insectos xilófagos e fitófagos (lagarta Lepidoptera, brocas Celeoterous, Amphid) e roedores que se alimentam de *Prunus africana, o que* é geralmente indicado pela saúde da copa (Nsom *et al.*, 2007). No entanto, neste trabalho, as árvores consideradas saudáveis eram as que não tinham ramos secos, nem ataques de insectos, roedores ou parasitas, enquanto as árvores não saudáveis eram as que apresentavam morte / ramos secos.

A área basal das árvores, a espessura da casca e os tamanhos das classes de DAP foram comparados entre as diferentes elevações da área de estudo utilizando medidas de tendência central (ANOVA). As densidades das árvores ao longo da elevação foram calculadas utilizando a fórmula padrão. Foram utilizados modelos estatísticos de correlação e regressão para testar a relação entre as variáveis nas diferentes elevações. As análises foram efectuadas com recurso ao software MINITAB 17. Foram utilizados os seguintes cálculos básicos.

RESULTADOS

Foi registado um total de 177 árvores numa superfície total de 450.000m² (45 hectares) nas encostas do Monte Cameroon. O quadro 1 abaixo mostra a distribuição da densidade das árvores em diferentes áreas de elevação. A densidade mais elevada de 6,2 (tronco/ha) foi registada na área de elevação mais baixa [1700-2000m], enquanto a densidade mais baixa de 1,2 (tronco/ha) foi registada na área mais elevada [2300m e acima]. No entanto, a densidade média de toda a área de estudo foi de 3,9 (caule/ha).

Quadro 1: Densidade de árvores de Prunus ao longo do gradiente de elevação nas encostas do Monte

Camarões.

Elevação (m)	Número de árvores	Área de superfície (ha)	Densidade de árvores (Número de troncos/ha)
>2300	18	15	1.2
[2000-2300]	65	15	4.3
[1700-2000]	93	15	6.2

A Área Basal Média das Árvores (TBA) da tabela 2 abaixo mostra um aumento gradual com o aumento da altitude. A TBA média mais baixa (820.7 m^2 /ha) foi registada na classe de elevação mais baixa [1700-2000 m] enquanto a TBA média mais alta (1565.3 m^2 /ha) foi registada na classe de elevação mais alta [2300m e acima]. Não houve diferença significativa no TBA médio registado nas classes de elevação de [2000-2300m] e [2300m e acima], enquanto o TBA médio na classe de elevação mais baixa [1700-2000m] foi altamente significativo.

Quadro 2: Variação da área basal média das árvores (TBA) ao longo do gradiente de elevação no Monte Cameroon

Elevação (m)	TBA médio (m^2/ha)
>2300	1565.3a
[2000-2300]	1145.2a
[1700-2000]	820.7b

P = 0,006 (F = 28,1) kruskal walis

O diâmetro da árvore à altura do peito mostra variações ao longo das elevações do Monte Cameroon. A Tabela 4.3 abaixo indica o aumento do DBH médio com o aumento da elevação. O DBH médio mais baixo (36,57 cm) foi registado na classe de elevação mais baixa [1700-2000m] e o DBH médio mais alto (51,22 cm) foi registado na classe de elevação mais alta [2300m e acima]. Houve uma diferença significativa no DAP médio registado na classe de elevação mais baixa, enquanto não houve diferença significativa no DAP médio registado nas outras duas classes de elevação.

Table 3:   DAP médio (cm) ao longo das elevações nas encostas do Monte Cameroon

Elevação (m)	DAP médio (cm)
>2300	51.22a
[2000-2300]	44.34a

[1700-2000]	36.57b

P < 0,02 (F = 40,6) kruskal walis

A partir da tabela 4 abaixo, a espessura média da casca das árvores para os lados não explorados registou os valores médios mais elevados, enquanto os lados explorados tiveram os valores médios mais baixos ao longo de todas as classes de elevação. A menor espessura média da casca (0,86±0,2 cm) foi registada na classe de elevação mais baixa [1700-2000m], enquanto a maior espessura média da casca (1,12±0,4 cm) foi registada na classe de elevação mais alta [2300m e acima]. Para os lados explorados, houve uma variação irregular na espessura média da casca ao longo da elevação. A maior espessura média da casca registada foi (0,428±0,03 cm) na classe de elevação [2000-2300m] e a menor registada foi (0,39±o,o2 cm) na classe de elevação mais baixa [1700-2000 m].

Quadro 4: Comparação/distribuição da espessura média da casca (cm) ao longo das elevações nos lados explorados e não explorados das árvores

Elevação (m)	Espessura média da casca (cm) Lado explorado	Espessura média da casca (cm) Lado não explorado
[1700-2000]	0.189±0.01b	1.12±0.4a
[2000-2300]	0.428±0.03a	1.06±0.3a
>2300	0 .139±0.02b	0.86±0.2b

P < 0,001 (F = 53,4) Kruskal Walis

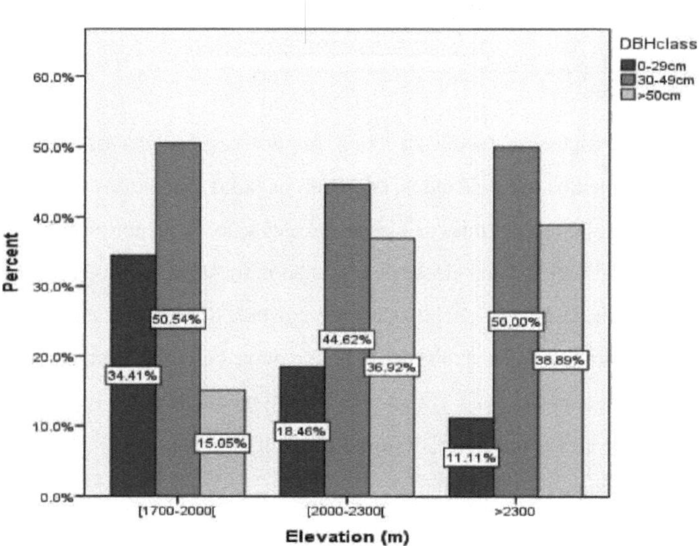

Figura 2: Distribuição das classes de DAP ao longo do gradiente de elevação no monte Cameroon.

As árvores com classe de DAP (0-29cm) apresentaram uma diminuição gradual da população com o aumento da altitude. Apresentaram a maior percentagem (34,41%) na classe de altitude mais baixa [1700-2000], e a menor população (11,11%) na classe de altitude mais elevada. Na classe de tamanho de DAP de 50cm e acima, houve um aumento gradual da população com o aumento da elevação, com a classe de elevação mais baixa [1700-2000m], tendo 15,05% da população e a classe de elevação mais alta [2300m e acima], tendo 38,89% da população. A terceira classe de tamanho de DAP (30-49cm) varia irregularmente com a altitude, sendo que as classes de altitude mais baixa e mais alta têm 50,54% e 50% da população, respetivamente.

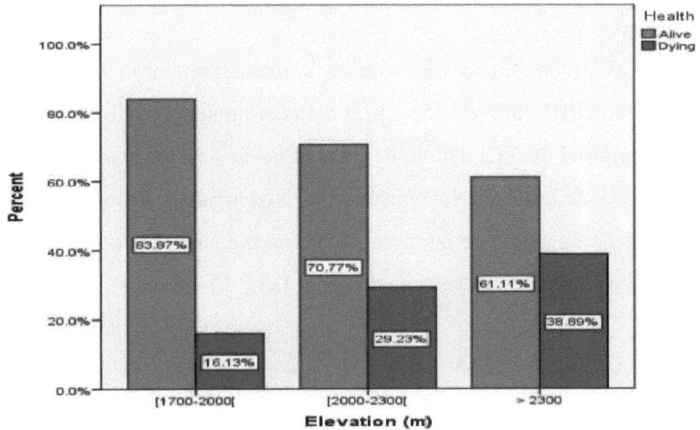

P = 0.04 (Chi square value = 6.4, df=2)

Figura 3: Comparação do estado de saúde das árvores ao longo do gradiente de elevação no Monte Cameroon.

Da figura 3 acima, as árvores vivas tiveram a maior população (83,87%) registada na classe de altitude mais baixa [1700-2000m] e a menor população (61,11%) registada na classe de altitude mais alta [2300m e acima]. As árvores moribundas tiveram a menor população (16,13%) registada na classe de altitude mais baixa [1700-2000m] e a maior população (38,89%) registada na classe de altitude mais elevada [2300m e acima].

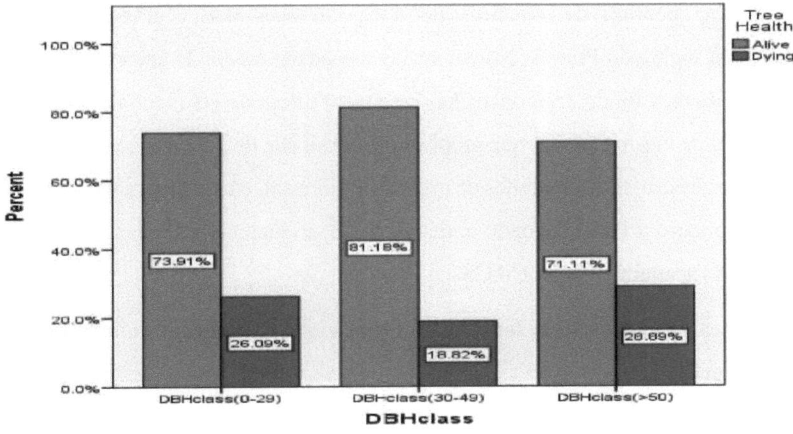

P = 0,365 (valor do Qui-quadrado = 1,95, df=2)

Figura 4: Variação do estado de saúde das árvores por classes de tamanho de DAP no Monte

11

A partir da figura 4 acima, as árvores saudáveis tiveram a maior população (81,18%) encontrada na classe de tamanho DBH 30-49cm, enquanto a menor população (71,11%) foi registada na classe de tamanho DBH 50cm e acima. Relativamente às árvores insalubres, a sua população em todas as classes de DBH não foi significativa. No entanto, o maior número de árvores (28,89%) foi registado na classe de tamanho DAP 50cm e superior, enquanto a menor população (18,92%) foi encontrada na classe de tamanho DAP 30-49cm.

DISCUSSÃO

Densidade de árvores ao longo do gradiente de elevação do Monte Cameroon

De um modo geral, nas encostas do Monte Camarões, as densidades de Prunus diminuem com o aumento da altitude. A partir dos estudos, o resultado mostrou a maior densidade de árvores de 6,2 troncos/ha na classe de elevação mais baixa e a menor densidade de 1,2 troncos/ha na classe de elevação mais alta (Quadro 1). Nestes estudos, a classe de elevação em que foi registada a maior densidade de árvores insere-se na estrutura florestal designada por floresta tropical montana superior/floresta tropical sub-alpina, que se caracteriza por um dossel descontínuo, poucas espécies, floresta aberta e com Prunus como espécie comum. A menor densidade de troncos registada é explicada pelo facto de esta classe de elevação se enquadrar no tipo de floresta conhecido como pradaria montana/pradaria sub-alpina, que se caracteriza por uma pobreza de espécies, gramíneas, árvores anãs e árvores dispersas resistentes ao fogo, incluindo Prunus. No entanto, a densidade média de árvores em toda a área do Monte Camarões foi de 3,9 troncos/ha. Este facto difere do resultado de (Ingram *et al.*, 2009) realizado na mesma região, que propôs uma densidade de 3,52 troncos/ha. A razão para estas variações baseia-se nos métodos de inventário florestal, em que Ingram *et al* (2009) utilizaram um inventário a 100% segundo o método ACS, enquanto o trabalho efectuou um inventário de gestão segundo o método ACS.

Espessura da casca das árvores em lados explorados e não explorados ao longo de um gradiente de elevação.

Ao longo do gradiente de elevação nas encostas do Monte Camarões, a espessura da casca de prunus nos lados não explorados das árvores aumenta com o aumento da elevação. Destes estudos, a espessura média mais elevada da casca, 1,12 cm, foi registada na elevação mais elevada, enquanto a espessura mais baixa da casca, 0,86 cm, foi registada na classe de elevação mais baixa (Quadro 4). A razão para estas variações ao longo da elevação é o resultado de adaptações ambientais naturais e humanas. Isto é, cascas grossas para proteger contra o fogo selvagem anual da savana e para preservar a água nas estações chuvosas, o que pode sustentar a árvore na estação seca, uma vez que os solos no monte Camarões são porosos. Este resultado corresponde aos resultados de Belinga, (2001) que concluiu que a espessura da casca nas encostas do Monte Camarões varia consoante a ecologia, a idade e o tamanho da árvore. No entanto, a espessura da casca dos lados explorados das árvores apresentou uma variação irregular (Quadro 4). Este facto deve-se a diferenças nos períodos de exploração destas árvores, sendo que algumas são constantemente exploradas devido à facilidade de acesso.

Distribuição da população com base na classe de tamanho DBH ao longo de gradientes de elevação

A distribuição de *Prunus* por classe de tamanho (DBH) ao longo do gradiente de elevação no monte Cameroon mostrou diferentes variações. As árvores com classe DBH (0-29cm), ou seja, árvores jovens, apresentaram uma diminuição gradual da população com o aumento da elevação. A maior população (34,41%) foi registada na classe de elevação mais baixa e a menor população (11,11%) foi registada na classe de elevação mais alta. Na classe de tamanho DBH de 50 cm e acima, ou seja, árvores maiores, houve um aumento gradual da população com o aumento da elevação, com a classe de elevação mais baixa a ter 15,05% da população e a classe de elevação mais alta a ter 38,89% da população (Figura 4). Este facto é atribuído à exploração insustentável (descasque em anel e abate de árvores) por exploradores ilegais, uma vez que as zonas de menor altitude estão mais próximas das comunidades em redor do Monte Cameroon do que as zonas de maior altitude, pelo que existe um acesso fácil a esta floresta de menor altitude. Isto reduz a população de árvores maiores e aumenta a de árvores mais pequenas nas zonas mais baixas e vice-versa. Além disso, as árvores jovens são mais numerosas nas altitudes mais baixas devido ao facto de as condições ambientais prevalecentes nas altitudes mais elevadas não favorecerem as plantas jovens.

Saúde das árvores ao longo do gradiente de elevação

A partir dos resultados, verificou-se uma variação regular nas árvores vivas e moribundas ao longo das elevações (figura 4). As árvores vivas mostraram uma diminuição gradual e constante da população com o aumento da altitude, com a maior população (83,87%)

registada na classe de altitude mais baixa [1700-2000m] e a menor população (61,11%) registada na classe de altitude mais elevada [2300m e acima]. As árvores moribundas mostraram um aumento constante da população com o aumento da altitude, com a menor população (16,13%) registada na classe de altitude mais baixa [1700-2000m] e a maior população (38,89%) registada na classe de altitude mais elevada [2300m e acima]. A elevada população de árvores moribundas em altitudes mais elevadas explica-se pelo facto de a maioria das árvores estar exposta a condições ambientais adversas, como a falta de água, incêndios e ataques de roedores. A elevada população de árvores vivas em altitudes mais baixas resulta da reflorestação, da agroflorestação e de condições ambientais favoráveis ao crescimento de Prunus. Estes resultados coincidem com os de Nkeng (2009). A maior população de árvores vivas e a menor população de árvores moribundas em todas as classes de elevação devem-se ao facto de a maioria das árvores serem jovens e mais capazes de resistir à exploração excessiva, enquanto as árvores maiores são mais vulneráveis. Estes resultados correspondem aos de Nkeng, (2009).

Variação do DAP médio das árvores ao longo da elevação

A partir da tabela 2, o DBH aumenta com o aumento da elevação, com o DBH mais baixo (36,57 cm) na classe de elevação mais baixa e o DBH mais alto (51,22 cm) na classe de elevação mais alta. Isto implica indiretamente que, em altitudes mais baixas, há mais árvores jovens do que árvores maiores, enquanto que em altitudes mais elevadas há árvores maiores do que árvores mais jovens. Esta disparidade deve-se à exploração insustentável/sobre-exploração de árvores de maior porte, uma vez que as zonas de menor altitude estão mais próximas das comunidades do que as zonas de maior altitude. Além disso, as árvores jovens têm uma elevada resistência a condições adversas e recuperam facilmente da exploração. Esta constatação confirma os resultados de Stewart (2009), que salientou uma constatação semelhante na floresta de Kilum.

CONCLUSÃO E RECOMENDAÇÃO

Este estudo mostrou que as densidades de *Prunus* diminuem com o aumento da altitude, com a maior densidade de 6,2 caules/ha a uma altitude mais baixa e a menor densidade de 1,2 caules/ha a uma altitude mais elevada. No entanto, a densidade média na zona do Monte Cameroon foi de 3,9 caules/ha. A espessura média da casca para os lados não explorados aumenta com o aumento da elevação, com um aumento de 0,001 cm na espessura da casca explicado pelas mudanças na elevação. Assim, a maior densidade (1,12 cm) foi registada a uma maior altitude e a menor (0,86 cm) registada a uma menor altitude. Além disso, as árvores com DAP de 0-29 cm (árvores jovens) diminuem com o aumento da altitude, com uma população mais elevada de (34,41%) a uma altitude mais baixa e uma população mais baixa (11,11%) a uma altitude mais elevada. As árvores com DAP superior a 50 cm (árvores de grande porte) aumentam a sua população com o aumento da altitude, com a maior população (38,89%) a maior altitude e a menor população (15,05%) a menor altitude. Por conseguinte, há árvores mais jovens a uma altitude mais baixa do que a uma altitude mais elevada e vice-versa. A população de árvores saudáveis diminui com o aumento da altitude, com a maior população (83,87%) a uma altitude mais baixa e a menor população (61,11%) a uma altitude mais elevada. Mas as árvores pouco saudáveis aumentam em população com o aumento da altitude, com a maior população (38,89%) a uma altitude mais elevada e a menor população (16,13%) a uma altitude mais baixa. Além disso, a maioria das árvores moribundas são as que têm um DAP maior (50 cm ou mais). Assim, devem ser realizados mais estudos sobre a análise química dos elementos constituintes do extrato de Prunus de diferentes gradientes de elevação das encostas do monte Camarões para determinar se as variações de elevação afectam a composição química do prunus. Além disso, deve ser efectuada investigação sobre a taxa de regeneração da casca das árvores exploradas para uma gestão sustentável do Prunus.

REFERÊNCIA

CITES. 2006. Review of Significant Trade in specimens of Appendix-II species (Análise do comércio significativo de espécimes de espécies do Anexo II).

Espécies selecionadas na sequência das COP11 e COP12. Décima sexta reunião do Comité das Plantas da CITES, Lima, Peru.

Cunningham, A. B. e F. T. Mbenkum. 1993. Sustentabilidade da colheita da casca de Prunus africana nos Camarões. Uma planta medicinal no comércio internacional. Documento de Trabalho sobre Pessoas e Plantas **2**;1-32.

Cunningham, M., Cunningham, A. B. e Schippmann, U. (1997). Trade in Prunus africana and the Implementation of CITES, Agência Federal Alemã para a Conservação da Natureza, Bona, Alemanha.

Fitton, J. G., Kiburn, C. R. J., Thiriwall, M. F., Hughes, D. J. (1983). 1982Eruption of Mount Cameroon, West Africa, Nature, 306/594/:327-332.

Fraser, P. J., Hall, J. B., Healey, J.R. (1998). *Climate of the Mount Cameroon region, long and medium term rainfall, temperature and sunshine data*. SAFS, Universidade do País de Gales, Bangor, MCPLBG, Limbe, p. 56

Gentry, A. H. (1995). Padrões de diversidade e composição florística em florestas montanas neotropicais. In: ChurchillSP, Balslev H, Forero E e Luteyn JL (eds) Biodiversity and Conservation of Neotropical Montane Forests, pp 103-126. The New YorkBotanical Garden, Bronx, Nova Iorque.

Ingram V., Awono A., Schure J. e Ndam N. 2009. Plano Nacional de Gestão de Prunus africana para os Camarões, CIFOR, Yaounde, 156 pp.

Ndam, N. (1996). Padrões de recrutamento de *Prunus africana* (Hook f.) Kalkman no Monte Camarões: um estudo de caso em Mapanja. In: A Strategy for the Conservation of *Prunus africana* on Mount Cameroon. Documentos Técnicos e Actas do Workshop. 21-22 de fevereiro.

Ndam, N.; 1998. Regeneração das árvores. Dinâmica da vegetação e manutenção da biodiversidade no Monte Cameroon: o impacto relativo das perturbações naturais e humanas. Dissertação de doutoramento. Universidade do País de Gales.

Ndam, N., Healey, H. J., Cheek, M., Fraser, P. (2002). Recuperação de plantas nos fluxos de lava de 1922 e 1959 no Monte Cameroon, Camarões. *Syst. Geogr. Pl.*, 71: 1023-1032

Nkeng. Philip, (2009) Avaliação dos métodos de exploração da casca de Prunus africana e exploração sustentável nas regiões Sudoeste, Noroeste e Adamaoua dos Camarões

Nsom, A., K. Tah e V. Ingram (2007). Situação atual da Prunus africana na floresta de Kilum Emfveh-Mii & Ijim Community Forests Workshop com as partes interessadas sobre a resolução de conflitos na gestão da Prunus africana, Oku junho de 2007, Oku, SNV.

Payton, R. W. (1993). *Ecologia, zonação altitudinal e conservação da floresta tropical do Monte Camarões*. Relatório Final do ProjectoR4600. ODA, Londres, Projeto Monte dos Camarões, p. 70

Stewart, K. 2009. "Efeitos da colheita da casca e de outras actividades humanas nas populações de cerejeira-africana (Prunus africana) no Monte Oku, Camarões." Forest Ecology and Management 258(7): 1121-1128.

Os desafios de conservação e gestão da floresta tropical de Idenau no Parque Nacional do Monte Camarões, Região Sudoeste, Camarões

Melle Ekane Maurice[1] *, Nkwatoh Athanasuis Fuashi[1] , Terence Njopin Hele[2]
, Acidi Akere Bell[4]

[1]Departamento de Ciências Ambientais, Universidade de Buea P.O.Box 63, República dos Camarões

melle.ekane@ubuea.cm, melleekane@gmail.com

RESUMO

O crescimento da população tornou-se uma das principais forças por detrás da degradação ambiental contemporânea em muitos ambientes rurais e urbanos. Com base nesta perspetiva, este estudo examina o impacto do crescimento da população humana no ecossistema florestal, com referência específica ao impacto humano na exploração dos recursos florestais em Idenau, região sudoeste dos Camarões. A recolha de dados foi efectuada através da administração de questionários. O processo de administração do questionário envolveu uma entrevista oral aos inquiridos visados pelo inquérito. Os questionários foram entregues a todos os inquiridos e recolhidos alguns dias depois. Os dados recolhidos foram analisados através de modelos estatísticos de qui-quadrado e de correlação. O inquérito também mostrou uma relação significativa ($x^2 = 0,164$, df=2, a P = 0,921) entre a população humana e a utilização de lenha nos lares da área de estudo. Além disso, o estudo mostrou uma correlação entre a recolha de lenha e as alterações climáticas extremas ($x^2 = 11,271$, df=2, a P<0,05). A participação dos habitantes locais de Idenau na mitigação e ocupação das alterações climáticas também está significativamente correlacionada ($r^2 = 0,868$ a P<0,05). Além disso, o estudo registou uma correlação ($r2 = 0,620$ a P<0,05) entre o género e as práticas agrícolas. Este estudo revelou que a pobreza, a falta de sensibilização para a educação ambiental, o aumento da população humana e o desemprego dos jovens levaram a população de Idenau a dedicar-se à caça de animais selvagens, à recolha e à agricultura na floresta tropical do Parque Nacional do Monte Camarões, apesar das restrições impostas pela política de conservação.

Palavras-chave: Ecossistema florestal, conservação, ambiente, vida selvagem e floresta tropical

INTRODUÇÃO

A igualdade do ambiente está constantemente a perder o seu estatuto devido ao aumento do crescimento demográfico na maior parte dos países do mundo. Hoje em dia, o ar atmosférico natural e limpo foi povoado com gases e partículas perigosas, a fertilidade do solo está a diminuir e as massas de água foram grandemente poluídas pelas actividades humanas, o que faz com que o ambiente perca o seu equilíbrio natural. De acordo com Collins (1984), a poluição tornou-se um dos principais factores de degradação ambiental em termos de redução da qualidade do ambiente. Segundo ele, a degradação ambiental é uma situação em que o ambiente perde o seu equilíbrio natural. Banuri, & Apffel-Marglin (1993), afirmam que a população tem sido o principal agente de degradação ambiental na maioria das cidades do mundo. Explicou ainda que as principais ocupações do homem eram a caça e a recolha de frutos, mas mais tarde, com o aumento da população humana, o homem inventou novas técnicas que constituíram uma grande ameaça para o ambiente natural. Bryant, *et al* (1997) afirmou que, à medida que a população continua a aumentar, torna-se mais difícil limitar a degradação ambiental que a acompanha. Em Idenau, é óbvio que a população cresce a uma taxa geométrica enquanto a produção alimentar cresce a uma taxa aritmética, segundo Bryant, *et al* (1997). A situação das actividades antropogénicas em Idenau, na região sudoeste dos Camarões, não só degradou o ecossistema florestal, como também fez com que o ambiente perdesse o seu equilíbrio natural e, ao mesmo tempo, exerceu uma maior pressão sobre os recursos naturais. Além disso, o crescimento da população nestas comunidades conduziu ao aumento dos problemas ambientais, como a perda de espécies vegetais e animais, a poluição, a infertilidade dos solos, entre outros. Neste sentido, podemos perguntar-nos se a pressão antropogénica sobre o ecossistema florestal pode alguma vez ser controlada em Idenau, no Sudoeste e nos Camarões como um todo. Como é que as pessoas podem extrair estes recursos sem degradar o ambiente? Por conseguinte, este currículo tende a examinar criticamente o impacto do crescimento populacional na degradação das florestas, com referência específica ao impacto do crescimento populacional no esgotamento dos recursos florestais, aos principais recursos, aos métodos de extração florestal e ao impacto da exploração dos recursos florestais na área. Nos últimos anos, a conservação das florestas tropicais foi objeto de uma publicidade extraordinária e excecional. Quase toda a gente já viu ou ouviu algo sobre o desaparecimento das florestas tropicais, os efeitos resultantes e o que se deve ou não fazer para remediar a situação. O objetivo deste curriculum vitae é melhorar a compreensão das pessoas relativamente às florestas tropicais, à sua importância, ou seja, aos serviços ecossistémicos que prestam, como a fixação de carbono, a atenuação das alterações climáticas, a sua importância no ciclo hidrológico, no ciclo de nutrientes e nos ciclos biogeoquímicos, e também a sua importância como fonte de capital natural. A educação ambiental visa igualmente ajudar as populações e os indivíduos a adquirirem consciência e sensibilidade em relação às florestas tropicais e ao ambiente no seu conjunto, às questões e aos problemas relacionados com o seu desenvolvimento, bem como ajudar os indivíduos, os grupos e a sociedade a adquirirem um conjunto de valores e sentimentos de preocupação com o ambiente e a participarem ativamente na sua proteção. No entanto, a FAO não considera como floresta as plantações de árvores que fornecem produtos não lenhosos, embora classifique as plantações de borracha como floresta. A degradação florestal ocorre quando as funções ecossistémicas da floresta se degradam, mas a área permanece florestada e não desbravada (Bryant *et al.*, 1997). Trinta por cento da superfície terrestre, ou seja, cerca de 3,9 mil milhões de hectares, estão cobertos por florestas. Estima-se que a cobertura florestal original era de aproximadamente seis biliões de hectares no passado (Bryant *et al.*, 1997). A Federação Russa, o Brasil, o Canadá, os Estados Unidos da América e a China eram os países mais ricos em florestas, representando 53% da área florestal total do globo. Outros 64 países, com uma população combinada de dois biliões de habitantes, têm florestas em menos de dez por cento da sua superfície terrestre total e, infelizmente, dez destes países não têm qualquer floresta (FAO 2001a). Entre estes países, 16 tinham áreas florestais relativamente substanciais de mais de um milhão de hectares cada e três destes países, nomeadamente o Chade, a República Islâmica do Irão e a Mongólia, tinham cada um mais de dez milhões de hectares de floresta (FAO 2001a). A área florestal manteve-se relativamente estável na América do Norte e Central, tendo-se expandido na Europa durante a última década. O continente asiático, especialmente a Índia e a China, devido ao seu programa de florestação em grande escala na última década, registou um aumento líquido da área florestal. Em contrapartida, a América do Sul, a África e a Oceânia registaram uma perda anual líquida de área florestal (FAO 2001a). A maior parte das florestas do mundo encontra-se em paisagens abertas, sem restrições de utilização, uma vez que apenas cerca de 8 a 12 por cento das florestas tropicais mundiais se encontram em parques e reservas (FAO 2001a). Na sua Avaliação dos Recursos Florestais de 2000 acima referida, a FAO calculou que, em 1999, a cobertura florestal mundial tinha diminuído de 6000 milhões de hectares na década de 1850 para 3500 milhões de hectares

(FAO 2001a). Esta perda é atribuída à exploração humana, tendo a maior parte desta desflorestação ocorrido na segunda metade do século XX (FAO 2001a). A distribuição global da desflorestação é tal que, em geral, é mais grave nos países em desenvolvimento da América Latina, Ásia e África do que no mundo desenvolvido. No seu relatório, a FAO concluiu que a perda líquida de florestas tinha abrandado 20% durante a década de 1990, em comparação com a década de 1980. No entanto, esta conclusão foi posta em causa por outras fontes. Por exemplo, o World Resources Institute (WRI) argumentou que as taxas de desflorestação aumentaram na África tropical e noutras partes dos países do Terceiro Mundo durante a década de 1990. Juntamente com o World Wide Fund for Nature (WWF), o WRI critica a definição de florestas da FAO, que inclui as plantações. De acordo com a FAO (2001b), uma floresta é uma vegetação com um mínimo de 10% de cobertura de copa e isto inclui tanto as florestas naturais como as plantações. Mas o WRI e o WWF afirmam que esta definição é enganadora porque, quando as plantações são excluídas, a taxa de perda de florestas naturais é mais elevada durante a década de 1990 do que na década anterior, em especial nas regiões tropicais. Este debate sobre as taxas de desflorestação realça a natureza contestada das questões ambientais e a importância de quem conta a história ou produz o conhecimento sobre ela.

MATERIAIS E MÉTODO

Descrição da zona de estudo

Idenau é a sede da sub-divisão da costa oeste situada na divisão de Fako, na região sudoeste dos Camarões (Melle & Nakogho, 2015). Situa-se a cerca de 29 km de Limbe. O município de Idenau tem uma população estimada em cerca de 30.000 habitantes que vivem em 8 aldeias, entre as quais portos de pesca, comunidades nativas e campos da Cooperação para o Desenvolvimento dos Camarões. Está localizado entre a latitude 4^0 23'-5^0 33W e 7^0 33'-24E e a longitude 5^0 .70N' e 7^0 24'S com uma altitude de cerca de 300m acima do nível do mar na área terrestre principal e 5m na área marítima (Tako-Tanyi, 1999). Gestão Sustentável da Vida Selvagem, Área da Costa Oeste do Monte Camarões, Projeto Limbe... De um modo geral, o município de Idenau situa-se a norte do Oceano Atlântico e a barlavento do Monte Camarões. É limitado a norte por um troço do parque nacional do Monte Camarões, a leste pelo município de Limbe, a sul pelo Oceano Atlântico e a oeste pela sub-divisão do Bamusso. A temperatura média varia entre 25-300^0 c de cerca de 5000mm a 8000mm. Idenau tem um clima equatorial que é marcado por 2 estações distintas (estação seca e estação das chuvas). A precipitação estende-se de partida a novembro com uma amplitude térmica de cerca de 25-28⁰ c. Os picos de precipitação ocorrem em julho, agosto e setembro (Melle & Nakogho, 2015). O pico da estação seca ocorre em

dezembro e janeiro. A humidade relativa média anual varia entre 80% e 95%. Estas condições climáticas tornam o solo favorável ao cultivo de palmeiras, cacau, mandioca e outras culturas alimentares. A costa ocidental é uma área distinta no que respeita à precipitação. Debundcha é conhecida por ter a maior precipitação em África, e a sua precipitação é observada durante todo o ano. A estação seca é caracterizada por ventos secos que sopram da montanha na direção nordeste para a direção sul. Durante este período, as temperaturas diárias são elevadas, com uma ligeira descida durante a noite. Durante a estação chuvosa, as chuvas são intensas, criando um ambiente favorável ao cultivo agrícola (Melle & Nakogho, 2015). Estas chuvas estão ocasionalmente associadas a tempestades e inundações que são destrutivas para as culturas e propriedades.

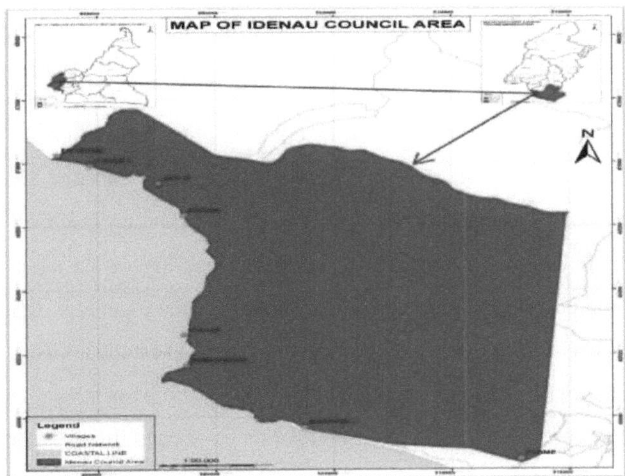

Figura 1: Mapa da Subdivisão de Idenau

Fonte: Melle & Nakogho (2015)

O tipo de solo dominante no município são os *solos* vulcânicos escuros, férteis e pedregosos, *com manchas de solos aluviais e franco-arenosos. As colinas são um planalto dissecado de antigas rochas vulcânicas com algumas cinturas sedimentares. Estes tipos de solo, juntamente com o terreno plano, são muito bons para a agricultura em geral e para a cultura da banana em particular (Asong, 2001).*

Recolha e análise de dados

Estavam a ser entrevistadas diferentes classes de pessoas com diferentes ocupações para obter os seus conhecimentos sobre as políticas florestais e as estratégias de gestão. Mas a população-alvo para esta entrevista foram os exploradores florestais. Isto é porque eles estão interessados nos objectivos do projeto. Além disso, as autoridades locais, tais como os chefes de bairro, os chefes e as autoridades municipais também forneceram informações detalhadas e vitais necessárias para este estudo. Os questionários foram administrados aleatoriamente à população-alvo na área de estudo (Marshal, 1996). Em cada agregado familiar, pelo menos um indivíduo adulto foi entrevistado e recebeu um questionário. O número de inquiridos do sexo masculino foi superior ao número de inquiridos do sexo feminino, devido ao facto de os homens mostrarem mais disponibilidade para preencher estes questionários. Um total de trezentos questionários distribuídos aos inquiridos foi recolhido e respondido na íntegra. A análise dos dados foi efectuada através da utilização de modelos estatísticos de correlação e de qui-quadrado.

RESULTADOS

Existe uma correlação positiva significativa ($x^2 = 0,164$, df=2, a P = 0,921) entre a utilização de lenha e a população humana de Idenau (tabela 1). Devido à grave escassez de abastecimento de gás doméstico para cozinhar, à elevada taxa de desemprego e à fácil acessibilidade e disponibilidade de lenha, a maioria dos ocupantes da zona recorre à lenha para actividades domésticas como cozinhar. A população humana nesta área é pobre e está altamente desempregada, razão pela qual a recolha florestal não tem opção. O estudo também mostrou (tabela 2) uma correlação significativa ($x^2 = 11,271$, df=2, a P<0,05) entre a recolha de lenha e os desafios climáticos. A área de estudo é conhecida por ter condições climatéricas extremas, chuvas fortes e frequentes. Antes do início da estação das chuvas, a maioria dos indivíduos da área de estudo recolhe e armazena lenha, porque durante o pico da estação das chuvas a floresta fica inacessível devido às inundações. Existe uma correlação entre (figura 2) a ocupação das pessoas e a sua participação em programas de gestão ($r^2 = 0,868$ a P< 0,05). A principal atividade desenvolvida na área de estudo é a agricultura de subsistência. A taxa de alteração do clima neste local já foi sentida e se as práticas agrícolas não forem suficientemente sustentáveis para reduzir a taxa de desflorestação, as alterações climáticas poderão ser mais sentidas num futuro próximo. O pior obstáculo à gestão sustentável das florestas é a falta de educação para a conservação. Além disso, existe uma correlação (figura 3) entre o género e as práticas agrícolas (r2 = 0,620 a P<0,05).

Table 1, Utilização de lenha e população humana em Idenau

Testes de qui-quadrado

	Valor	df	Asymp. Sig. (2 lados)
Qui-quadrado de Pearson	.164·	2	.921
Rácio de verosimilhança	.296	2	.862
Associação linear por linear	.001	1	.977
N de casos válidos	356		

a. 3 células (50,0%) têm uma contagem esperada inferior a 5. A contagem mínima esperada é .13.

Table 2, Recolha de lenha e alterações climáticas extremas

Testes de qui-quadrado

	Valor	df	Asymp. Sig. (2 lados)
Qui-quadrado de Pearson	11.271·	2	.004
Rácio de verosimilhança	7.527	2	.023
Associação linear por linear	.185	1	.667
N de casos válidos	293		

a. 3 células (50,0%) têm uma contagem esperada inferior a 5. A contagem mínima esperada é 0,10.

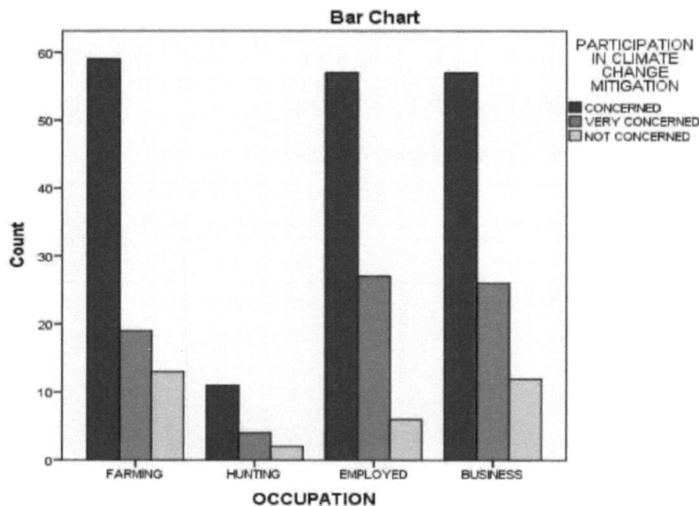

Figura 2. A participação na mitigação e ocupação das mudanças climáticas

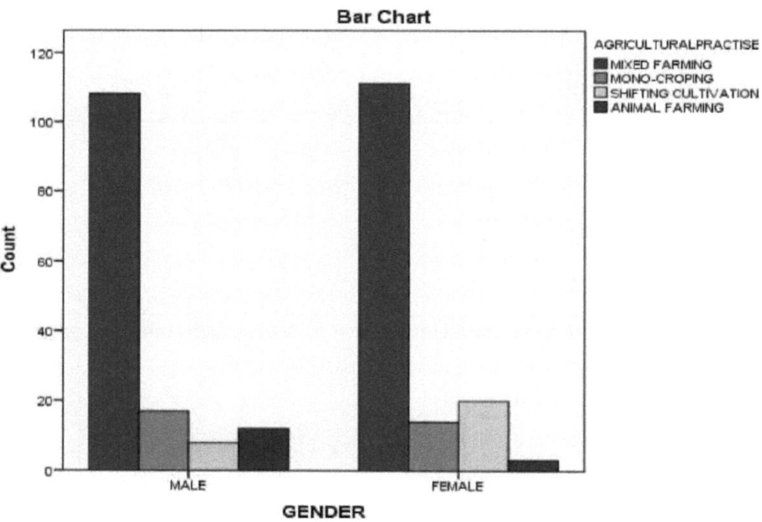

Figura 3, género e práticas agrícolas.

DISCUSSÃO

O aumento da população humana em Idenau deve-se principalmente à pesca marítima local. Por isso, a conservação do peixe para exportação é feita através da defumação. Por esta razão, a recolha de lenha e a colheita na natureza são intensivas. Além disso, como o tamanho da população humana está a aumentar, há necessidade de sensibilização para a conservação (figura 3) na área. Poderiam ser planeados e realizados seminários e workshops para educar os ocupantes sobre os efeitos correspondentes da desflorestação indiscriminada. De um modo geral, o crescimento da população humana tem sido uma das principais forças por detrás da degradação ambiental contemporânea em muitos ambientes rurais e urbanos (Atte, 1994). Uma das causas diretas da desflorestação nesta paisagem é geralmente a conversão das florestas noutras formas de utilização da terra; estas incluem a agricultura, em especial as culturas itinerantes, e a sobre-exploração de produtos florestais para uso industrial ou doméstico, como a exploração madeireira e o processamento de carvão vegetal (quadro 2). Ecologicamente, a floresta tropical serve de sumidouro, desempenhando um papel vital no sequestro de carbono, absorvendo fontes inorgânicas de carbono, como o dióxido de carbono, e convertendo-o em formas menos nocivas através de processos celulares por meio da fotossíntese. A desflorestação não só resulta na perturbação de processos ecológicos, como o ciclo hidrológico e os ciclos bio-geoquímicos, mas também leva à redução da biodiversidade e à perda de espécies (Atte, 1994).

A agricultura continua a ser a espinha dorsal da economia dos Camarões desde tempos imemoriais. O discurso presidencial de 10th de fevereiro de 2016 encorajou todos os camaroneses a acreditarem que o solo não falha. A floresta tropical do Monte Camarões tem estado sob pressão devido à expansão agrícola. A invasão da floresta tropical levou a que muitas populações indígenas rurais tomassem a agricultura como a sua principal atividade. O esgotamento do solo e o facto de as colheitas não atingirem a sua capacidade máxima obrigaram muitas pessoas a adquirir mais terras agrícolas para sobreviverem às perdas de más colheitas resultantes da recente deterioração ambiental. Além disso, o sistema de agricultura itinerante de corte e queima, praticado pela população local ao longo destas margens da floresta, é muito destrutivo para a natureza (figura 3). A desflorestação contínua para a agricultura levou a uma grande perda de habitat e à fragmentação da floresta, que é uma causa importante da redução das populações de espécies e do aumento das taxas de extinção de espécies. Entre as diferentes espécies de árvores que se encontram nesta floresta tropical, a cereja africana (*Prunus africana*) é a mais ameaçada (Forlemu, 2013). De acordo com Jean Renaud (1991), *a Prunus africana* representa a quarta espécie de planta medicinal mais utilizada e é recolhida por 80% dos agregados familiares na região do Monte Camarões (Ekane, 2000). A nível local, é uma enorme fonte de rendimento para muitas famílias e também é utilizada por curandeiros tradicionais para o tratamento de dores no peito, malária, dores de cabeça, alergias corporais e doenças renais. Myers, 1994, observou que cerca de 60% da destruição das florestas húmidas tropicais se destinam a fins agrícolas. A floresta tropical é uma das últimas fronteiras na procura de terras de subsistência para as pessoas mais vulneráveis em todo o mundo (Myers, 1992).

A florestação poderia ser incentivada de modo a aumentar a disponibilidade de árvores para a exploração da madeira. Tem havido algum sucesso na conceção de esquemas (figura 2) para cobrar pagamentos por serviços ambientais, como o sequestro de carbono, a conservação da biodiversidade, a proteção das bacias hidrográficas e o ecoturismo (Bokwe, 2014). Este sucesso pode ser ainda mais concretizado através da integração do modo de gestão participativa nestes esquemas de cobrança para garantir direitos e posse com equidade na partilha de recursos e benefícios para melhorar os meios de subsistência dos pobres rurais que são, na verdade, os principais interessados na conservação e gestão. Um governo transparente é essencial para abrandar o ritmo da desflorestação. A contribuição das ONG ambientais para os programas de gestão da conservação tem sido enorme. Estão mais bem equipadas para evitar a corrupção e são muito eficazes a chegar às pessoas na fronteira da necessidade (Bokwe, 2014).

A caça é outra razão pela qual as pessoas invadem a floresta tropical dentro desta comunidade. Isso é feito principalmente pela população indígena que vive ao longo das margens da floresta e por alguns estranhos que chegaram com a cultura da caça. Apesar das leis criadas para proteger a vida selvagem das mãos dos caçadores, a população de animais selvagens continua a diminuir de forma alarmante na floresta protegida. Muitas famílias ainda hoje têm cães apenas para caçar animais selvagens na floresta do monte dos Camarões. Forlemu (2013) observou que as principais ameaças à biodiversidade nesta zona estão ligadas à caça, efectuada por meio de laços de arame e armas fabricadas localmente. A carne de arbusto é vendida fresca ou fumada nas cidades fako e em muitas outras partes dos Camarões. Ele observou que duas classes de caçadores, também conhecidos como coleccionadores de animais selvagens, operam na região do Monte Camarões: caçadores subsistentes para alimentação doméstica e caçadores comerciais de grande escala para geração de rendimentos. A caça sempre foi uma fonte importante de subsistência para os aldeões locais na região do Monte Cameroon. No passado, a caça tradicional para fins domésticos representava uma ameaça muito pequena para as populações animais. No entanto, entre 1970 e 1980, a caça furtiva do elefante africano para obtenção de marfim aumentou drasticamente, o que foi agravado pela ação deliberada das autoridades da Cooperação para o Desenvolvimento dos Camarões (CDC), que também mataram elefantes para proteger as suas plantações de palmeiras (Forlemu, 2013).

A recolha de produtos florestais não lenhosos é outra razão pela qual as pessoas têm de invadir esta floresta tropical. Os produtos florestais não madeireiros (PFNM) são produtos de origem biológica (plantas, fungos e animais). O negócio lucrativo do eru selvagem continua a ser uma das principais culturas de exportação de Idenau para países vizinhos como a Nigéria e a Guiné Equatorial. Este facto obrigou muitos jovens a entrar na floresta para a sua colheita. O abate de árvores para fins comerciais continua a ser um dos factores fundamentais para a geração de rendimento, do qual a humanidade depende, especialmente no mundo em desenvolvimento, devido à pobreza e ao aumento da população. Putz et al (2001) observou que a exploração madeireira pode degradar seriamente o habitat das florestas. A população local é pobre devido ao desemprego, razão pela qual recorre à exploração da floresta tropical para obter a madeira utilizada na construção das suas casas. Infelizmente, a extração de madeira da floresta é muito insustentável (quadro 1), conduzindo a um pesado custo ambiental de degradação e esgotamento (Aplet, *et al* 1993). A maior parte destes indivíduos verifica que as construções de madeira são mais baratas e os materiais são mais acessíveis do que os blocos modernos e as casas de betão. No entanto, a existência perpétua de pobreza e o aumento da população em muitas áreas florestais nos Camarões traduzem uma atmosfera de caos na gestão das leis e políticas de conservação. Para além do abate de árvores para fins comerciais e da recolha de madeira para combustível, a colheita de bambu indiano tornou-se também um sério desafio. Estes bambus são muito utilizados nos estaleiros de construção, sobretudo quando se trata de construir um edifício de um andar. As empresas de construção locais utilizam este bambu para suportar os novos fluxos de construção (Aplet, *et al* 1993). A maioria das empresas de construção locais emprega homens jovens para a colheita de bambu para as suas construções.

CONCLUSÃO

O aumento sem precedentes da população humana é o principal fator de degradação do ecossistema e das florestas nesta zona ecológica. medida que a dimensão da população aumenta e os recursos financeiros se tornam limitados, as pessoas são obrigadas a mudar para a recolha e exploração de recursos florestais. O crescimento da população associado à escassez global de terras aumenta a complexidade das futuras trajectórias de alteração do uso do solo. Num mundo mais interligado, a intensificação da agricultura, especialmente na comunidade rural, está a provocar uma maior expansão das terras cultivadas no mundo em desenvolvimento. O ritmo acelerado da desflorestação tem sido atribuído a vários factores, como a criação de terras para povoações, o elevado nível de pobreza (que leva os ocupantes das zonas florestais a procederem a uma exploração florestal indiscriminada), a falta de conhecimentos sobre as consequências da desflorestação, o elevado nível de desemprego e a corrupção no governo nacional (Bisong, 2001). Esta questão pode ser resolvida através de uma gestão florestal baseada na comunidade, que se baseia na boa vontade política e em instituições comunitárias fortes, e também através da organização de workshops e seminários para educar a comunidade sobre os benefícios das actividades florestais sustentáveis. Além disso, podem ser elaborados e aplicados incentivos, leis e políticas para atenuar as actividades de desflorestação (Barraclough, & Ghimire,1995). Os novos desafios decorrentes das alterações climáticas exigem uma ação urgente para explorar e proteger as florestas remanescentes, que constituem a principal fonte de subsistência das populações locais. O reforço das actividades de conservação protegerá o ecossistema florestal para as gerações futuras e atenuará a situação das alterações climáticas. As práticas de desenvolvimento sustentável, especialmente no sector agrícola, reforçam os programas de conservação. O inquérito revelou que a gestão eficaz das florestas tropicais exige o envolvimento da população local na comunidade (Banuri, & Apffel-Marglin, 1993).

O controlo da dimensão da população é importante para reduzir a taxa de desflorestação nos países em desenvolvimento. O rápido aumento da população exige mais infra-estruturas, mais comodidades socioeconómicas, mais recursos, mais recursos alimentares, etc. Tudo isto leva ao abate de árvores para disponibilizar terras para construção e agricultura. Tudo isto leva ao abate de árvores para disponibilizar terras para a construção e para fins agrícolas. Além disso, o aumento da disponibilidade de emprego conduzirá a um aumento correspondente da taxa de emprego, o que reduzirá a pressão sobre as florestas remanescentes para novos assentamentos humanos e para a utilização de terras para a agricultura local. O governo nacional deveria iniciar e patrocinar programas de reflorestação e florestação. Esta estratégia não só reduziria a extração de madeira, como também constituiria uma fonte alternativa de lenha. Podemos deixar de utilizar a madeira da natureza e exortar outros a fazerem o mesmo, desde que sejam disponibilizadas práticas silvícolas de cultivo de árvores. As leis, as políticas e a legislação que protegem as práticas de gestão sustentável das florestas devem incentivar as populações locais e as instituições relacionadas a participarem nos programas de gestão e conservação das florestas.

REFERÊNCIA

Asong, A, (2001). Degradação florestal e estratégias de reserva florestal na província do Sudoeste, pp 23-30

Aplet, G. H., Johnson, N., Oison, J.T. e Sample, V.A. (1993). Defining sustainable forestry island press, Washington DC, pp 34-45.

Atte, O. D., (1994). Terra e floresta do Estado de Cross River: A participatory Appraisal of rural people perception and preference. Documento de trabalho, FDD/CRSEP, pp.3-9.

Banuri, T. e F. Apffel-Marglin (1993). Um sistema de conhecimento: Analysis of Deforestation, Participation and Management, em Banuri, T. e F.Marglin-Appffel (Eds), who will Save the Forests? Knowledge, Power and Environmental Destruction, Instituto Unido de Investigação Económica para o Desenvolvimento, UNU/WIDER, Londres, ZED Books. 1-23

Barraclough, S.L. e B.K. Ghimire, (1995). Forests and Livelihoods: The Social Dynamics of Deforestation in Developing Countries, Londres, Macmillan Press.

Bisong, F.E. (2001). "Farming systems and forest biodiversity conservation towards a theory and model for sustainable natural resource management", em Bisong F.E. (Ed) Natural resource use and conservation systems for sustainable rural development. Baaj international company, Calabar, pp.162-176

Bokwe S.N (2014), Adapting Forest Governance to Climate Change Mitigation and Poverty Alleviation; The Case of Forest Rserves in the Mount Cameroon Region; Uma tese de doutoramento não publicada, Departamento de Geografia, Universidade de Buea, pp 56-78.

Bryant, D., Nielsen, D. e Tangley, L. (1997). The last frontier forests- Ecosystems and Economies on the Edge. World Resource Institute, Washington DC.

Collins, W. (1984). Collins Atlas of the world Collins London Glasgow.

Ekane N. B, (2000). O Impacto Socioeconómico da Gestão de Prunus africana na Região do

Monte Camarões; Estudo de caso da Comunidade de Bokwango. Dissertação de Mestrado. Tese do Departamento de Planeamento Urbano e Ambiente, Instituto Real de Tecnologia de Estocolmo, pp 23-40.

FAO, (2001a).Global Forest Resources Assessment 2000: main report. FAO Forestry Paper 140, Roma.

Forlemu F (2013), Uma análise da cogestão sobre o desenvolvimento e a preservação dos recursos naturais no Parque Nacional do Monte Camarões; Relatório de estágio FASA, Universidade de Dschang, pp 56.

Melle E. M. e Nakogho J. A (20015). The evaluation of rainforest management policies in Idenau Sub-Division, Southwest Region, Cameroon. pp 24-25, Departamento de Ciências Ambientais, Universidade de Buea, não publicado.

Myers, N. (1992). The Primary Source: Tropical Forests and Our Future. Norton, Nova Iorque.

Myers, N. (1994). Tropical deforestation: rates and patterns. In: The Causes of Tropical of Tropical Deforestation. The economic and statistical analysis of factors giving rise to the loss of the tropical forest, eds. Brown, K. e Pearce, D. pp 27-40. UCL Press.

Tako-Tanyi. C. (1999). Sustainable Wildlife Management, West Coast Area Of Mount Cameroon, Projeto Limbe, pp 45-60.

A exploração insustentável dos recursos de habitat da vida selvagem na Subdivisão de Tubah, Região Noroeste, Camarões.

Melle Ekane Maurice[1*] , Nkwatoh Athanasius Fuashi[1] , Achiri Akere Bell[2] , Terence Njopin Hele[3]

[1] Departamento de Ciências Ambientais, Universidade de Buea, P. O. Box 63, Camarões

melleekene@gmail.com; melle.ekane@ubuea.cm,

RESUMO

Nos últimos anos, tem-se registado uma invasão desenfreada das paisagens florestais protegidas dos Camarões. Isto resultou na perda de partes substanciais da cobertura florestal através do cultivo para agricultura, povoações, processamento de carvão, exploração madeireira e caça. O principal grupo-alvo desta investigação foi a comunidade florestal local dentro e à volta da floresta de Tubah Upland, que retira o seu sustento desta floresta. A recolha de dados envolveu uma entrevista oral e a administração de um questionário. Os resultados mostraram que o género e o conhecimento das leis sobre a vida selvagem na região de Tubah estavam significativamente correlacionados (r^2 =0,726 a p<0,05). Além disso, a importância dos recursos florestais teve uma correlação significativa com as soluções para os conflitos com a fauna bravia (r^2 =0,379 a p<0,05). Além disso, a razão para o assentamento também teve uma relação significativa com as organizações que mitigam o conflito homem-fauna bravia (r^2 =0,863 a p<0,05) com ONG'S como a CIRMAD (The Care for Indigenous Resources Management and Development) a trabalhar para aumentar a sensibilização para a conservação na área. Além disso, a investigação sobre a importância dos recursos florestais registou 67,88% sobre a exploração florestal. As plantas comestíveis ricas em proteínas representaram 16,57% do inquérito. Além disso, as soluções para os conflitos entre humanos e animais selvagens também registaram 77,78%, confirmando que as autoridades governamentais dão muito pouca ajuda às populações locais. Por último, a taxa de contacto com a vida selvagem registou 11,52%, 8,08%, 44,24% e 36,16%, respetivamente para as taxas de muito frequente, pouco frequente, frequente e sem contacto. Este inquérito revelou a importância da corporação e da integração da comunidade local na tomada de decisões sobre a conservação das florestas.

Palavras-chave: conservação da vida selvagem, leis sobre a vida selvagem, comunidade florestal, áreas protegidas e invasão

INTRODUÇÃO

O processo de desflorestação é a destruição de florestas e bosques autóctones. Trata-se da conversão da floresta noutra utilização do solo ou da redução a longo prazo do coberto arbóreo abaixo do limiar mínimo de dez por cento (FAO 2001a). Esta perda de cobertura florestal tem vindo a aumentar em todo o mundo desde há algum tempo, especialmente durante os séculos XIX e XX. Historicamente, a desflorestação começou com o advento da agricultura sedentária, antes da qual 40 por cento da área terrestre mundial, ou seja, 6000 milhões de hectares, estavam cobertos de florestas. Isto passou-se há mais de 8000 anos e, desde então, as explorações agrícolas, as pastagens e as povoações têm ocupado a maior parte das terras florestais do mundo (Roberts e Rodger 1999). No início da era cristã, a remoção das florestas estava bastante avançada na Mesopotâmia e na bacia do Mediterrâneo. Mais tarde, a revolução industrial na Europa exerceu uma enorme pressão sobre as florestas como fonte de combustível e de travessas de caminho de ferro, o que continuou a acontecer em todos os locais do mundo onde foram introduzidas indústrias. Como explica Rowe (1992), entre 1850 e 1980, 15% das florestas e bosques do mundo foram destruídos. Nos tempos modernos, esta destruição das florestas intensificou-se e generalizou-se. Por exemplo, na sua última avaliação periódica decenal das florestas mundiais, a Organização das Nações Unidas para a Alimentação e a Agricultura (FAO) calculou, em 2000, que a perda global de coberto florestal natural durante a década de 1990 foi de 16,1 milhões de hectares por ano, dos quais 15,2 milhões de hectares por ano se perderam nas regiões tropicais. Durante a década em análise, a desflorestação terá sido mais elevada em África e na América do Sul e os países que registaram a maior perda líquida durante a mesma década foram a Argentina, o Brasil, a República Democrática do Congo (antigo Zaire), a Zâmbia e o Zimbabué. A FAO calculou ainda que 56 000 hectares de florestas tropicais são destruídos todos os dias em todo o mundo e que, se este ritmo se mantivesse, seriam necessários apenas 177 anos para eliminar todas as florestas tropicais húmidas (FAO 2001a).

A maior parte das florestas do mundo encontra-se em paisagens abertas sem restrições de utilização, uma vez que apenas cerca de 8 a 12 por cento das florestas tropicais mundiais se encontram em parques e reservas (FAO 2001a). Na sua Avaliação dos Recursos Florestais de 2000 acima referida, a FAO calculou que, em 1999, a cobertura florestal mundial tinha diminuído de 6000 milhões de hectares na década de 1850 para 3500 milhões de hectares. Esta perda é atribuída à exploração humana, tendo a maior parte desta desflorestação ocorrido na segunda metade do século XX (FAO 2001a). A distribuição global da desflorestação é tal que é geralmente mais grave nos países em desenvolvimento da América Latina, Ásia e África do que no mundo desenvolvido (Anon 1996). Em geral, as questões mais importantes são a desflorestação contínua e a insuficiente capacidade ou consideração dos governos para gerir de forma sustentável as suas florestas. Seguem-se diálogos alargados sobre o tipo de papéis e abordagens que o governo deve considerar na administração das florestas. Muitas das posições contemporâneas sugerem que a gestão das florestas responda melhor às necessidades das populações locais (Mazur e Stakhanov, 2008). Estas vozes têm apelado a uma abordagem mais descentralizada da gestão florestal, com um maior controlo dos recursos florestais nas mãos dos utilizadores locais mais estreitamente associados às áreas florestais. De facto, muitos países africanos introduziram alterações significativas nas suas políticas florestais na década de 1990 e, a pedido de muitas pessoas nas comunidades florestais e de desenvolvimento, adoptaram disposições que permitem um certo nível de envolvimento da comunidade local em pequenas áreas de florestas locais. Um caso de gestão florestal que teve sucesso com o envolvimento da comunidade local foi o do Projeto Florestal Kilim-Ijim. Tal como documentado por Mvondo (2009), a conservação foi conseguida através de uma abordagem participativa que encontrou um alinhamento entre os desejos da comunidade e os objectivos de conservação da ONG Bird Life International. O processo foi rapidamente adotado pelas comunidades, que reforçaram a sua organização local e assumiram papéis activos no avanço do programa de parceria. A conservação continua até hoje, e até se orgulha de ter aumentado a extensão da floresta. No entanto, Gardner reconhece que a situação pode não ser replicável em comunidades com mais conflitos ou com menos valor percebido para os seus recursos florestais.

MATERIAIS E MÉTODOS

Descrição da área de estudo.

A subdivisão de Tubah situa-se na região noroeste dos Camarões, a cerca de 15 km de Bamenda, a capital regional. É constituída por quatro aldeias principais, Bambili, Bambui, Kedjom-keku e Kedjom-ketingoh, e situa-se entre a latitude 4°50' - 5°20'N e a longitude 10°35' - 11°59'E, com uma população total de cerca de 52635 habitantes. A altitude varia entre 950-1500 m acima do nível do mar, com planícies arborizadas em algumas áreas. A sua área florestal está localizada na parte norte da subdivisão. O sistema de drenagem é muito rico, com riachos e nascentes que emanam da faixa norte. A zona tem duas estações, a seca e a húmida, que vão de novembro a abril e de maio a outubro, respetivamente. A precipitação média anual é de cerca de 2200 mm, com julho, agosto e setembro a registarem a precipitação mais elevada e dezembro a mais baixa. Além disso, a temperatura média anual é de cerca de 20,67°C, com janeiro e fevereiro a registarem as temperaturas mais elevadas e julho, agosto e setembro as mais baixas (Yuninui, 1990). As práticas agrícolas insustentáveis destruíram em grande medida a vegetação florestal e esgotaram a fertilidade do solo. Da mesma forma, anos de sobrepastoreio, queima de gramíneas e aumento do tamanho dos rebanhos degradaram gravemente as manchas de pastagens remanescentes.

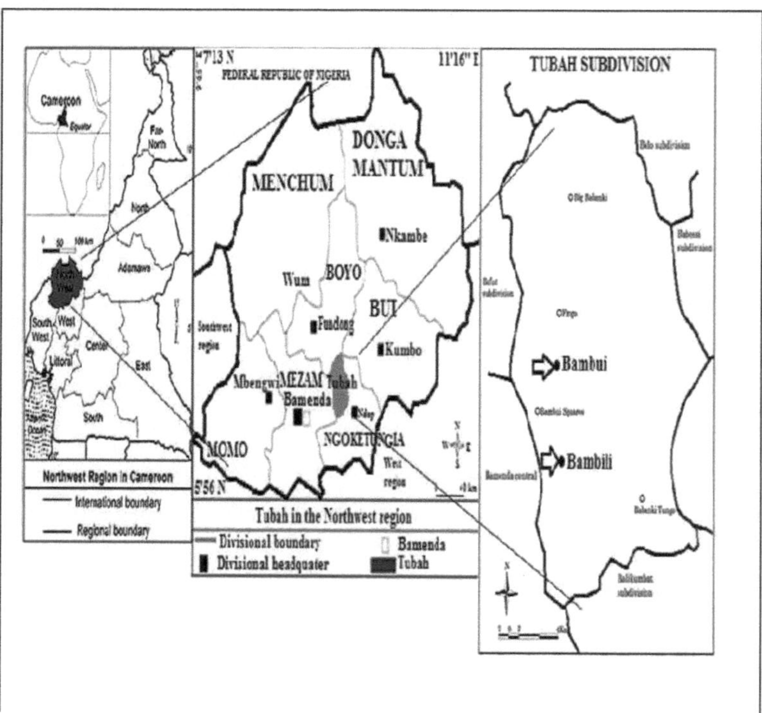

Figura 1: Mapa da **Subdivisão de Tubah**, **Região** Noroeste, Camarões **Fonte**: Ngwa e Fonjong, (2002)

A vegetação atual **de** Tubah consiste principalmente num ecossistema de savana, **com as** plantas **Poaceae** de Grammeae a formarem a camada de vegetação **principal**, intercaladas

com algumas outras plantas anuais, perenes **e** árvores. De acordo com **Ngwa** e Fonjong (2002), **a** vegetação desta região é tanto natural como **cultivada**. A vegetação cultivada é constituída por árvores plantadas como a noz de cola, **o eucalipto**, a palmeira **de ráfia** e outras árvores de fruto.

Recolha e análise de dados

A recolha de dados consistiu em duas técnicas de amostragem: Amostragem selectiva e amostragem aleatória simples. A amostragem selectiva foi utilizada para atribuir as comunidades alvo do estudo. Foram selecionadas quatro comunidades principais (Bambili, Bambui, Kedjom-keku e Kedjom-ketingo) de seis áreas diferentes durante o estudo. Estas comunidades foram avaliadas como estando entre as comunidades com maior influência humana nos recursos florestais da área de estudo, devido à sua dimensão populacional relativamente elevada, ao tamanho do agregado familiar e à proximidade dos recursos florestais disponíveis (Ajabj, 2008). Antes do início do estudo, foi organizada uma reunião de planeamento em cada uma das comunidades-alvo para explicar os objectivos do estudo. Isto facilitou a clareza e o objetivo do estudo e incentivou os inquiridos a abrirem-se durante a administração do questionário a inquiridos sistematicamente selecionados de forma aleatória. Na segunda etapa, o principal método estatístico para a administração do questionário foi a amostragem aleatória sistemática (Mvondo, 2009). A administração dos questionários foi complementada com discussões em grupos de reflexão, entrevistas e observações no terreno. Os questionários foram utilizados para inquirir as comunidades locais selecionadas a fim de identificar os principais utilizadores dos recursos florestais. O inquérito foi realizado também com uma entrevista presencial em que o entrevistador preencheu o questionário com base na resposta do inquirido. Esta abordagem ajudou a minimizar a incompreensão das perguntas por parte dos inquiridos, aumentando a fiabilidade da informação recolhida. Durante o inquérito, foi administrado um número total de 500 questionários aos inquiridos. Todos os grupos etários, desde os adolescentes aos adultos, foram tidos em conta durante as entrevistas e a administração dos questionários, a fim de reduzir o enviesamento do estudo.

RESULTADOS

A consciência das leis da fauna bravia na comunidade tem (tabela 1) uma correlação positiva ($r^2 = 0.726$ a $P < 0.05$) com o género. A evidência crescente aponta para o facto de que os membros desta comunidade rural não têm os mesmos conjuntos de preocupações partilhadas. Além disso, existe uma correlação (figura 2) entre a importância dos recursos florestais e a sobrevivência da vida selvagem ($r^2 = 0,379$ a $P < 0,05$). A biodiversidade das florestas é uma função essencial da sobrevivência humana na sub-divisão de Tubah. Quanto mais rica for a biodiversidade florestal, maior será a oportunidade para descobertas médicas, desenvolvimento económico e respostas adaptativas a novos desafios, como as alterações climáticas nesta comunidade. A Figura 3 mostra uma correlação entre a organização que atenua o conflito entre humanos e animais selvagens e a sobrevivência saudável da comunidade ($r^2 = 0,863$ a $P < 0,05$).

Tabela 1: Género e conhecimento das leis sobre a fauna bravia

	Testes de correlação		
	Valor	Assimp. Erro Std[a] Aprox. T[b]	Sig. aprox. (2 faces)
Intervalo por Intervalo Pearson R	-.016	.045	-.351	.726[c]
Ordinária por Ordinal Correlação de Spearman	-.018	.045	-.394	.694[c]
Associação linear por linear			
N de casos válidos	495		

a. Não assumir a hipótese nula.

b. Utilizar o erro padrão assintótico assumindo a hipótese nula.

c. Com base numa aproximação normal.

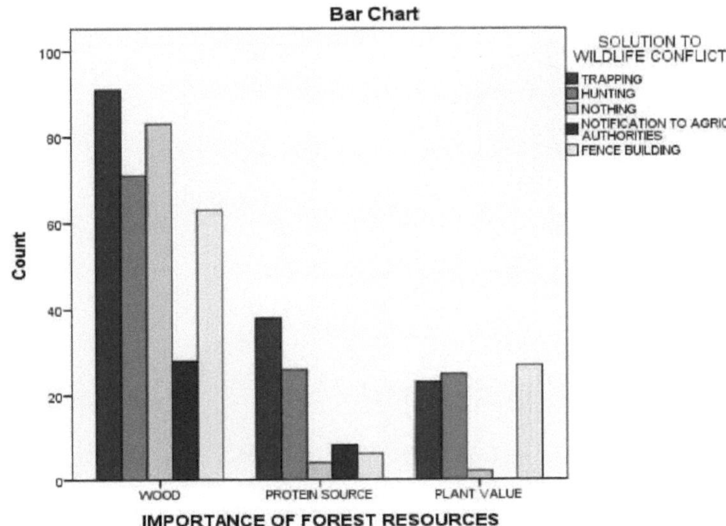

Figura 2: Importância dos recursos florestais e solução para o conflito com a fauna bravia

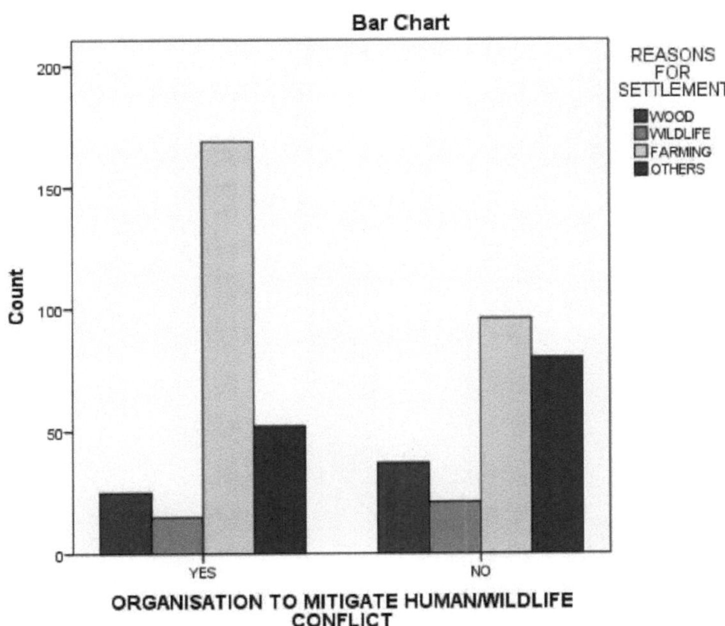

Figura 3: Razões para o povoamento e organização para mitigar o conflito entre humanos e animais selvagens.

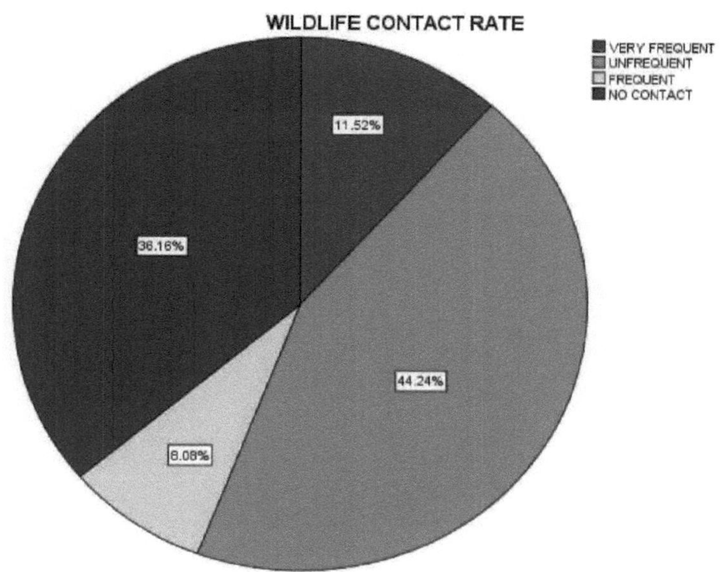

Figura 4: Taxa de contacto com a vida selvagem

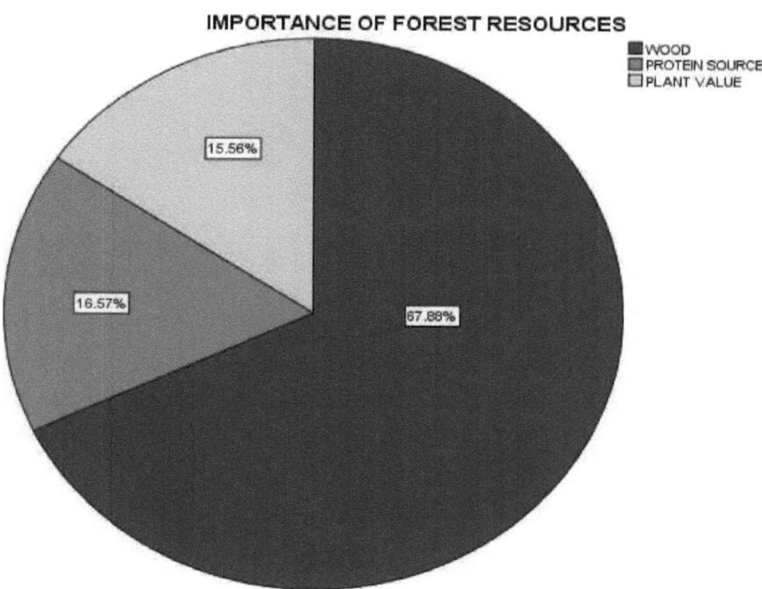

Figura 5: Importância dos recursos da vida selvagem

DISCUSSÃO

Os homens adultos, as mulheres e outros grupos sociais podem ter interesses contraditórios e complementares em relação aos recursos da fauna bravia (tabela 1). Todos eles têm acesso à floresta e aos seus recursos faunísticos. A taxa de contacto com a fauna bravia registou 11,52%, 8,08%, 44,24% e 36,16%, respetivamente, para as taxas de contacto muito frequente, pouco frequente, frequente e sem contacto (figura 4). Além disso, a investigação sobre a importância dos recursos florestais revelou que a exploração da madeira registou 67,88% e as plantas comestíveis ricas em proteínas representaram 16,57% no inquérito (figura 5). No entanto, os tipos de produtos que recolhem ou recolhem desta floresta são diferentes. Normalmente, os produtos recolhidos pelas mulheres acabam no agregado familiar, direta ou indiretamente, enquanto os homens acabam por utilizar os seus ganhos de forma privada. Assim, as mulheres vêem a floresta como fonte de bens e serviços para sustentar o agregado familiar, e os homens vêem-na como fonte de financiamento. A maior parte das mulheres utiliza os seus produtos florestais para sustentar as necessidades do agregado familiar, o que também se aplica a muitos homens. O rendimento obtido com a venda dos produtos florestais da fauna bravia é aplicado na gestão do agregado familiar. Os benefícios dos recursos florestais e da fauna bravia dependem muito de todos os factores acima mencionados. Uma vez que os homens são mais numerosos do que as mulheres, quando se trata de ganhos económicos, pode concluir-se que os homens beneficiam mais dos recursos florestais e faunísticos do que as mulheres (Enchaw, 2009). Tanto os homens como as mulheres não têm instrução e, como tal, não têm conhecimento das leis dos Camarões relativas à silvicultura e à vida selvagem, embora algumas organizações não governamentais, como a CIRMAD, estejam atualmente a envidar esforços para educar os habitantes locais sobre estas leis. A caça ilegal e o comércio ilegal relacionado com a fauna bravia são as ameaças mais imediatas a muitas populações de fauna bravia nesta área, levadas a cabo principalmente pelos homens para obterem ganhos económicos. O governo implementou programas de áreas protegidas, tais como a sensibilização dos indígenas sobre a necessidade de conservar a floresta. Estes programas são normalmente realizados nas praças das aldeias onde os aldeões e algumas partes interessadas os aconselham sobre as necessidades de conservar a sua floresta.

Outra medida implementada para garantir a conservação efectiva da floresta é o desenvolvimento de um programa setorial ambiental pelo governo. Este programa proporciona espaço para a participação local nos processos florestais e tem ajudado na conservação da floresta tropical. Com base nesta abordagem, as pessoas locais da comunidade participam na partilha de benefícios. Por conseguinte, o governo avançou no sentido de aumentar a participação dos indígenas através de processos ligados à comunidade local em que estão envolvidas agências governamentais. Além disso, a existência de instituições de gestão da floresta tropical em algumas comunidades florestais fez com que as pessoas participassem em actividades de gestão florestal, sendo a mais importante a prevenção de incêndios florestais.

As florestas tropicais são um recurso natural extremamente importante (figura 2) que pode ser potencialmente e sustentavelmente colhido e gerido para produzir uma diversidade de produtos de importância económica (Blomley, 2013). A madeira é, de longe, o produto mais importante extraído da floresta de planalto de Tubah. A lenha é a principal fonte de energia utilizada para cozinhar e para outros fins. Potencialmente, todos esses produtos florestais podem ser colhidos de forma sustentável. Infelizmente, na maioria dos casos, as florestas têm sido sobreexploradas de forma não sustentável, resultando numa degradação ecológica generalizada (Brosious, 2000). É fundamental compreender que, no futuro, toda a recolha e colheita de recursos florestais será efectuada de uma forma mais responsável e sustentável. Muitos outros recursos florestais são também recolhidos nesta área, tais como frutos, nozes, cogumelos e látex para a produção de borracha local. Para além disso, muitas espécies de animais são caçadas nas florestas para subsistência. Esta floresta fornece bens e serviços adicionais que são importantes tanto para o bem-estar humano como para a integridade ecológica, incluindo o controlo da erosão e dos fluxos de água, e a limpeza dos poluentes do ar e da água (Blomley, 2013). Há uma variedade de formas adoptadas pela população local para lidar com os conflitos com a vida selvagem: Os agricultores aprenderam a construir cercas de arame para proteger as culturas de serem comidas. Vários agricultores escavaram agora tanques de peixes em frente às vedações como barreiras adicionais. Estes tanques não só reduzem os ataques dos animais selvagens, como também geram novos rendimentos, permitindo que os agricultores criem peixes juntamente com as suas culturas. Os espantalhos são colocados para repelir as aves, roedores e mamíferos de comerem as culturas (FAO 1999). Contudo, alguns indivíduos afirmam que matam estes animais como vingança. Eles também afirmam que as autoridades governamentais não oferecem ajuda para resolver este problema.

Além disso, a maioria dos indivíduos indicou que a taxa de contacto com a vida selvagem é frequente (Campbell, 1995). Uma das principais razões é a rápida invasão da população humana em expansão nos habitats naturais destes animais selvagens. As actividades agrícolas levadas a cabo nas profundezas da floresta onde estes animais habitam aproximam mais os humanos da vida selvagem (FAO, 1999). Em tempos, as florestas cobriam largamente a região das Terras Altas de Bamenda, nos Camarões. No entanto, as florestas foram sendo progressivamente desmatadas para a criação de terras agrícolas e pastagens, até que atualmente apenas restam algumas manchas. Embora pequenas, estas manchas são reconhecidas como sítios globalmente importantes para a conservação da diversidade biológica. Ao mesmo tempo, as florestas são muito importantes para as pessoas que vivem à sua volta, pois fornecem água, lenha, medicamentos, mel e outros produtos e têm importância cultural e espiritual (Ngwa e Fonjong, 2002). As florestas montanhosas da região das Terras Altas de Bamenda são diferentes de outras áreas florestais dos Camarões, onde existe um elevado potencial de geração de rendimentos através da exploração da madeira e onde a silvicultura comunitária é frequentemente vista como um meio de redirecionar alguns destes benefícios para o desenvolvimento da comunidade. Em vez disso, na região das Terras Altas de Bamenda, a silvicultura comunitária desenvolveu-se como uma parceria entre a comunidade de conservação, que está interessada na conservação da diversidade biológica, e a população local, que está interessada principalmente nos vários benefícios que podem ser obtidos da floresta.

Existe uma organização que trabalha para mitigar os conflitos entre humanos e animais selvagens chamada CIRMAD nesta área. No entanto, a maioria dos habitantes locais não tem conhecimento desta organização não governamental que supostamente os ajuda a aconselhar sobre como mitigar os conflitos com a fauna bravia. Na figura 3, o inquérito revelou que 52,73% destes indivíduos afirmaram a existência desta organização e a sua capacidade de resolver este problema. Também se pode reconhecer que mais de metade da população destes indivíduos tem conhecimento da presença desta organização. Uma das razões pelas quais esta organização não é reconhecida por algumas das pessoas locais é o facto de não dispor de fundos adequados para funcionar corretamente, pelo que não pode ser eficiente e eficaz para satisfazer as suas expectativas (Enchaw 2009). Além disso, outro membro empenhado desta parceria é o Ministério das Florestas e da Vida Selvagem. Para garantir a sustentabilidade da estabilidade ecológica e a prevenção do declínio das espécies, o Ministério das Florestas e da Vida Selvagem dos Camarões criou, desde 2008, seis categorias de áreas protegidas (parques nacionais, jardins zoológicos, santuários de vida selvagem, fauna e flora). Esta parceria de sucesso teve início com o Projeto Florestal Kilum-Ijim (KIFP), que se centrou na conservação da Floresta Kilum-Ijim, a maior das manchas florestais remanescentes, através do desenvolvimento de um sistema de gestão de base comunitária. Vendo o sucesso da silvicultura comunitária em Kilum-Ijim, outras comunidades começaram também a pedir assistência para gerir as suas florestas. Como resultado, surgiram outras comunidades florestais, tais como a floresta de Kimbi, a floresta de Dom e a floresta de Oku. Estes esforços de colaboração resultaram no desenvolvimento do Projeto Florestal das Terras Altas de Bamenda (BHFP), que trabalha em toda a região das Terras Altas de Bamenda com comunidades interessadas em conservar e gerir as suas florestas. A resposta a este projeto tem sido esmagadora. Dado que o novo projeto fornece sobretudo aconselhamento técnico, com contribuições materiais muito limitadas, o incentivo para a gestão florestal parece vir das próprias comunidades (Enchaw 2009).

CONCLUSÃO

Este estudo revelou que existem vários factores antropogénicos que resultaram na invasão desta floresta tropical. Algumas destas razões incluem a pobreza, o aumento da população, leis fracas de conservação das florestas. A população local não está a participar de forma significativa na gestão dos recursos florestais nesta parte do país devido à sua má relação com os funcionários do departamento florestal e as ONG. A gestão dos recursos florestais na área e no país como um todo ainda é, em grande parte, centralizada pelo Governo dos Camarões e, portanto, carece do apoio genuíno e da contribuição da população local. Esta falta de entendimento entre a comunidade e o governo nacional não só contribuiu para a invasão e a desflorestação desta floresta protegida, como também enfraqueceu o espírito de uma gestão adequada das florestas tropicais noutras regiões do país. Apesar dos sinais de sucesso, ainda há dúvidas de que o entusiasmo inicial pela gestão comunitária da floresta pode diminuir com o tempo, à medida que as pessoas se familiarizam com as dificuldades e os esforços necessários. Embora o abastecimento permanente de água e o acesso a produtos florestais úteis sejam benefícios importantes a obter através da gestão florestal, é possível que, a longo prazo, não sejam suficientes para que todas as comunidades se mantenham empenhadas no processo. São envidados esforços sérios de gestão para ultrapassar as fraquezas e as ameaças de conservação desta zona florestal. Ao reforçar esta abordagem, foi dada muita atenção às necessidades da população local. A sensibilização ambiental foi integrada nos programas de planeamento da conservação. Desta forma, os habitantes locais podem aprender a gerir a vida selvagem e as paisagens de uma forma adequada, tomando decisões sólidas sobre os meios de subsistência sem sacrificar os seus valores culturais. No entanto, algumas comunidades nesta área estão a realizar actividades como a plantação séria de árvores nas áreas degradadas. Trata-se de outra medida adoptada para assegurar a conservação da biodiversidade da floresta. Em geral, a floresta está a ser gerida para a conservação da biodiversidade e a utilização sustentável, algo que não acontecia no passado.

REFERÊNCIA

Ajabji (2008). Community-based forest management and changing gender roles in a patriarchal society in Cameroon: O caso das zonas florestais de Korup e Bechati, pp70-80

Anon. H. (1996). World Resources: A Guide to the Global Environment 19961997, Londres, Oxford University Press, pp 56-90

Bergmann, S.A. e J.C. Bliss. 2004. Foundations of Cross-Boundary Cooperation: Resource Management at the Public-Private Interface, Society and Natural Resources, 17 (5), 569-587.

Blomley Tom (2013). Lessons Learned from Community Forestry in Africa and Their Relevance for REDD+. Programa Forest Carbon, Markets and Communities (FCMC) apoiado pela USAID. Washington, DC, EUA, Camarões 4th Relatório Nacional sobre a Convenção sobre Diversidade Biológica, pp 49

Brosious J. P. 2000. Florestas em Perigo, Pessoas em Perigo: Environmentalist Representations of Indigenous Knowledge, em Ellen, R. P. Parkes, e A. Bicker (Eds). Indigenous Environmental Knowledge and its Transformations: Critical Anthropological Perspectives, Amesterdão, Overseas Publishers' Association, 293-317.

Campbell, N. Y. 1995. Tailoring Forest Management Systems to People's Needs, em Roy, S. B. (ed.) Enabling Environment for Joint Forest Management: Forest Studies Series, Nova Deli, Inter-India Publications, 59-86.

Enchaw, Gabriel B (2009). An Assessment of Conservation Strategies in the Management of Natural Resources in the Kilum-Ijim Forest Project Area (North of Cameroon), Tese de Doutoramento não publicada.

FAO (1999). State of the World's Forests, Organização das Nações Unidas para a Alimentação e a Agricultura, Roma. 2001a. "Deforestation continues at a High Rate in Tropical Areas", State of World's Forests, Organização das Nações Unidas para a

Alimentação e a Agricultura, Roma.

FAO. (2001a). Avaliação global dos recursos florestais 2000: relatório principal. FAO Forestry Paper 140. Rome,

Mazur, E.M. e O.V. Stakhanov (2008).Prospects for enhancing livelihoods, communities and biodiversity in Africa through community based forest

gestão: uma análise crítica. Local Environment Vol 1 3 (5):405_421 Mvondo, Samuel Assembe (2009). State Failure and Governance in Vulnerable States: An Assessment of Forest Law Compliance and Enforcement in Cameroon (Uma Avaliação do Cumprimento e Execução da Lei Florestal nos Camarões). África Hoje Vol 55, 3: 85-102.

Ngwa, N.S.E. e L.N. Fonjong (2002). Actores, opções e os desafios da gestão florestal nos Camarões anglófonos. Geojournal, 57, 95-111.

Ngwa, N.S.E e L.N. Fonjong, (2002), Absence of Incentive: Analyzing potential for collective action for the sustainable management of the Upland Forest of Tubah Subdivision, NWR, and Cameroon por Brian Bragg.

Rowe, R.; Sharma, N. P. e Bowder, J. (1992). Deforestation: problems, causes and concern. In: Managing the world's forest: looking for balance between conservation and development, Eds. Sharma, N. P. Pp 33-46. Kendall/Hunt Publishing Company, Iowa.

Roberts, R. W. e J. Rodger (1999). Deforestation: Tropical Forests in Decline, Forestry Issues, British Columbia, CIDA.

Yuninui N.M (1990).Relatório prático de iniciação na aldeia de Bambili. Um relatório de investigação, Escola Regional de Agricultura, Bambili. Camarões.

I want morebooks!

Buy your books fast and straightforward online - at one of world's fastest growing online book stores! Environmentally sound due to Print-on-Demand technologies.

Buy your books online at
www.morebooks.shop

Compre os seus livros ma s rápido e diretamente na internet, em uma das livrarias on-line com o maior crescimento no mundo! Produção que protege o meio ambiente através das tecnologias de impressão sob demanda.

Compre os seus livros on-line em
www.morebooks.shop

Printed by Books on Demand GmbH, Norderstedt / Germany